LA
GYNÉCOLOGIE

ET LA DERMATOLOGIE

DANS LEURS RAPPORTS COMMUNS

PAR

Le Dʳ E. VERRIER

PRÉPARATEUR A LA FACULTÉ DE MÉDECINE DE PARIS

(Extrait de la *Gazette obstétricale*.)

PARIS

BERGER-LEVRAULT ET Cⁱᵉ, LIBRAIRES-ÉDITEURS

5, RUE DES BEAUX-ARTS, 5

MÊME MAISON A NANCY

1879

LA
GYNÉCOLOGIE

ET LA DERMATOLOGIE

DANS LEURS RAPPORTS COMMUNS

PAR

LE Dr E. VERRIER

PRÉPARATEUR A LA FACULTÉ DE MÉDECINE DE PARIS

(Extrait de la *Gazette obstétricale*.)

PARIS

BERGER-LEVRAULT ET Cie, LIBRAIRES-ÉDITEURS

5, RUE DES BEAUX-ARTS, 5

MÊME MAISON A NANCY

1879

LA
GYNÉCOLOGIE

ET LA DERMATOLOGIE

DANS LEURS RAPPORTS COMMUNS

Lorsqu'en 1875, je publiai mon *Guide du médecin praticien pour le diagnostic et le traitement des maladies utérines*, j'affirmais déjà, en maints endroits et particulièrement dans le chapitre consacré aux différentes formes de la métrite chronique, la nécessité, pour le praticien, de prendre en grande considération l'état général de la malade et de ne pas s'en rapporter toujours à la lésion mise en évidence par le toucher et le spéculum.

D'un autre côté, écrivais-je alors, si l'état général prédispose à l'état local, l'état local peut aussi, apparaissant d'abord, revêtir la forme de la maladie constitutionnelle préexistante et en être la première manifestation apparente.

Dans ces cas divers, la malade n'en est pas moins sous l'influence d'un état général qu'il faut avant tout soigner et combattre, si l'on veut obtenir des succès durables dans le traitement de l'affection utérine pour laquelle on est consulté.

C'est donc dans l'état général qu'il faut chercher la cause de la ténacité de ces métrites rebelles, de leurs complications et de leurs conséquences, qui ont fait dire que les affections chroniques de l'utérus pouvaient être soulagées, mais qu'elles ne guérissaient jamais.

Dans mon cours de gynécologie à l'École pratique 1877-1878, j'eus l'occasion de montrer aux élèves plusieurs pièces pathologiques importantes qui prouvaient l'influence de l'état général sur l'état local, et de leur rappeler les travaux de M. Émile Tillot, qui laissent loin derrière eux l'enseignement de l'école anatomo-pathologique.

C'est à cette école, en effet, absorbée par l'étude de la lésion, qu'est dû le peu de progrès qu'a faits jusqu'ici la thérapeutique des affections utérines.

C'est aux écrits des H. Bennet, Valleix, Aran, Becquerel, etc., que nous devons l'établissement de ces cliniques gynécologiques dans lesquelles l'abus du spéculum et des cautérisations a enrayé toute guérison, retardé tout progrès.

Comme de deux maux il faut choisir le moindre, j'avais cherché dans mon livre précité à initier les sages-femmes, qu'une tolérance de l'autorité protége dans l'exercice de la médecine des femmes, au diagnostic et au traitement des affections utérines, privées qu'elles sont de tout enseignement à ce sujet. Mais dès que l'on arrive à considérer sérieusement les causes générales dans la pathogénie des affections de la matrice, on ne tarde pas à s'apercevoir combien le bagage scientifique de la sage-femme est insuffisant pour attendre d'elle autre chose que quelques pansements de lésions locales mises en évidence par l'examen au spéculum.

Si l'on veut s'élever à un traitement rationnel et vraiment efficace de la maladie, il faut, avec Duparcque, Bazin, Guéneau de Mussy, Gosselin, Pidoux, Durand-Fardel, Tillot, Martineau, envisager l'état général et ne voir, sinon toujours, du moins le plus souvent, dans les métrites et les ulcérations du col de l'utérus, que des manifestations de la SCROFULE, de la DARTRE, de l'ARTHRITIS ou de la SYPHILIS.

M. Martineau, dans son excellent *Traité clinique des affections de l'utérus*, en cours de publication, rattache à ces maladies constitutionnelles, envisagées comme causes prédisposantes générales des affections utérines, la diathèse cancéreuse, ce qui, du reste, ne fait pas l'ombre d'un doute, et la diathèse tuberculeuse, dont les lésions sur les organes génitaux ont été mises en lumière par les travaux de M. Brouardel et de M. Cornil.

Quant à l'influence de la chlorose sur les maladies du système utérin, depuis longtemps elle a été étudiée; elle est connue et tous les traités de gynécologie en font mention.

M. le Dr Nonat, dans son excellente monographie sur la chlorose, a, tout en étant localisateur, fait ressortir les complications utérines et péri-utérines de cette diathèse. On sait aussi que la chlorose peut accompagner quelque autre maladie constitutionnelle, de même que deux de celles-ci peuvent se montrer ensemble sur un même sujet.

Pour nous, laissant de côté tout état général qui ne donne pas lieu à des manifestations cutanées, nous ne nous occuperons dans ce travail que des quatre grandes maladies constitutionnelles si bien étudiées par Bazin, et nous dirons :

La véritable thérapeutique des affections utérines doit essentiellement consister dans une médication interne aussi variée que les maladies constitutionnelles elles-mêmes, aidée de quelques topiques et cautérisations contre les manifestations locales, ainsi que d'un choix judicieux de sources minérales.

« L'épreuve par le traitement est la véritable pierre de touche des maladies utérines », a dit M. le professeur Courty, qui, dans son savant traité, fait aussi ressortir pour une bonne part l'influence des maladies constitutionnelles sur les affections de l'utérus et de ses annexes.

Du reste, le travail synthétique que je présente ici fera mieux comprendre que des phrases, je l'espère, toute l'importance que le praticien doit attacher à l'état général dans le traitement des affections de la matrice.

Article 1er. — *De la métrite et de ses complications chez les scrofuleuses.*

M. le Dr Tillot, dans la réédition de sa thèse (1875), rapporte huit observations dans lesquelles il a pu constater six fois un eczéma impétigineux, le plus souvent accompagné d'adénite. Il a noté également six cas d'adénite simple, trois fois la kératite, si commune chez les scrofuleux, trois fois des granulations du pharynx coïncidant avec celles du col de l'utérus ; deux malades avaient de l'acné, l'une d'elles était sujette aux épistaxis. Or, toutes ces malades présentaient une affection utérine : la première, une métrite du col avec ulcération et granulations; la deuxième, une métrorrhagie chronique avec antéversion ; la troisième, une pelvipéritonite ; la quatrième et la septième, une métrite du col avec érosions, fongosités et catarrhe ; la cinquième et la sixième, un catarrhe utérin compliqué de granulations, et la huitième, enfin, une métrite chronique avec ulcération.

Dans ces cas, il est évident que la diathèse scrofuleuse n'a été admise par M. Tillot que parce qu'il avait rencontré chez chacune de ces femmes des manifestations successives de la maladie constitutionnelle, comme il est facile de s'en convaincre en lisant dans son mémoire le détail de ses observations.

Il ne faut pas perdre de vue que la scrofule n'existe pas toujours avec la forme maligne, et que ses manifestations peuvent se montrer pendant toute la durée de la vie. (Bazin.)

Presque toutes les femmes entachées du vice scrofuleux et atteintes d'une affection de la zone génitale, accusent une dépression considérable de leurs forces; elles sont apathiques et lentes au travail, leur menstruation est souvent irrégulière dans son apparition, sa durée et ses autres propriétés physiologiques. Elle est suivie souvent d'une leucorrhée abondante et accompagnée de prurit vulvaire. Enfin, on a noté des règles profuses. A ces caractères on devra joindre tous les signes objectifs des manifestations cutanées scrofuleuses; dont je n'ai pas à faire ici la description.

De son côté, M. H. Guéneau de Mussy n'est pas moins explicite. « L'appareil utérin, dit-il, est un foyer de retentissements sympathiques étendus que peuvent éveiller les moindres altérations dans la structure ou dans la nutrition de cet organe. »

Dans une des observations publiées par lui on trouve une femme de 39 ans, affectée de gourme, de blépharite chronique et acné, qui fut atteinte d'une leucorrhée abondante, avec prurit vulvaire intense, érythème de la vulve, hypertrophie et éruption vésiculeuse du col.

Sur 71 métrites, M. Martineau en signale 11 développées chez des femmes manifestement strumeuses.

Bazin a indiqué, dans son *Traité de la scrofule*, des éruptions sur la muqueuse de la vulve et du vagin analogues aux scrofulides de la peau.

Enfin, M. Desnos, qui a fait un très-bon travail sur l'emploi des eaux minérales dans le traitement des affections utérines, signale l'abondance et la durée du catarrhe utéro-vaginal chez les scrofuleuses.

La thérapeutique elle-même, si souvent impuissante dans les soins exclusivement locaux de la métrite, confirme une fois de plus, dans le cas contraire, le vieil aphorisme : *Natura morborum curationes ostendunt.* Il suffit de lire le détail des observations précitées pour s'en convaincre.

Indépendamment, d'ailleurs, des excellents conseils donnés par M. Martineau à propos du traitement des affections utéro-vaginales scrofuleuses, je citerai aussi M. le professeur Courty qui, dans son livre, a rapporté l'histoire d'une malade scrofuleuse dont le col utérin, gros et épais, portait le cachet de la maladie constitutionnelle de la femme ; ce col, sous l'influence des préparations de fer, de quinquina, d'iode, fut dégorgé et diminua de volume mieux qu'il ne l'aurait fait avec une application de sangsues.

ARTICLE 2. — *De la métrite et de ses complications chez les arthritiques.*

Je devrais m'occuper, après la scrofule, de l'herpétisme ou de la dartre, mais les diathèses strumeuses et arthritiques se combinant fréquemment ensemble et se rencontrant dans la pratique plus souvent en cet état d'association que l'herpétisme, je crois devoir placer de suite mes réflexions sur les métrites arthritiques.

Je n'ai pas à donner ici une définition de l'arthritisme. On sait, d'après MM. Bazin et Pidoux, que cette diathèse est en quelque manière la mère de la goutte et du rhumatisme, que celui-ci sévisse sur les muscles, les articulations, les viscères ou la peau.

Quant à la goutte proprement dite, elle est rare chez la femme, si tant est qu'elle existe à l'état de goutte ; mais elle ne saurait être niée comme expression générale de la diathèse arthritique, laquelle est quelquefois latente à l'époque où apparaissent les premiers symptômes de l'affection utérine ou péri-utérine pour laquelle on est consulté.

Stoll, Scudamore, Guilbert admettaient une métrite arthritique. Neucourt et surtout Duparcque partagent la même opinion. Quant à Bazin, l'illustre clinicien non-seulement admettait une métrite arthritique, mais il signalait en outre chez les femmes atteintes de ces métrites une grande tendance aux métrorrhagies et une prédisposition à la dégénérescence cancéreuse, laquelle se caractérise surtout par la fréquence des hémorrhagies qui la compliquent.

M. Martineau dit avoir trouvé dans sa clientèle la concomitance des lithiases rénale et biliaire chez des malades atteintes de métrites arthritiques. Or, on connaît assez les relations qui existent entre la goutte et la lithiase biliaire, entre le rhumatisme et la lithiase rénale, pour qu'il soit besoin de les signaler ici.

De même que sur le pharynx et les bronches il survient des angines et des bronchites sous l'influence de l'arthritisme (Cazalis et Pidoux), de même aussi se montre sur la muqueuse vulvo-vaginale des éruptions diverses, congestions, granulations, ulcérations, des métrites ménorrhagiques du côté de l'utérus, et enfin l'eczéma et les différentes formes d'érythème sur la peau.

Il est en outre d'observation commune que la goutte est héréditaire. Que deviendrait-elle alors chez la fille d'un goutteux si elle n'avait la zone utérine où se réfugier ?

Les rhumatismes utérins et ovariques, qui ne sauraient être niés, ne sont-ils pas des manifestations évidentes de la diathèse arthritique, et alors n'est-il pas légitime d'admettre d'autres états pathologiques de l'organe utérin se rattachant à la goutte ?

Pour le Dr A. Tripier, la goutte est au moins aussi fréquente chez la femme que chez l'homme ; *elle y affecte seulement des formes différentes.*

M. Tillot, dans son travail déjà cité, rapporte encore huit observations de métrite dans lesquelles l'influence de la diathèse arthritique, bien que moins facile à démontrer que celle de la scrofule dans les observations précédentes, n'en a pas moins été rencontrée six fois sous forme de douleurs rhumatismales ou articulaires, quatre fois de gastralgie, trois fois de migraine, deux fois d'angine granuleuse et six fois de ces dermatoses reconnues par Bazin pour être de nature arthritique.

Du côté de l'utérus, les huit malades de M. Tillot présentaient : trois des métrorrhagies, trois autres des métrites du col avec diverses complications ; la leucorrhée existait chez presque toutes ; l'une d'elles portait un noyau phlegmoneux sur le col, avec de la névralgie utérine ; une enfin avait des hémorrhoïdes, et parmi les manifestations diathésiques on retrouvait encore deux fois du pityriasis et une fois un eczéma du cuir chevelu récidivant.

M. de Ranse, à Néris, M. Bottentuit, à Plombières, ont rapporté chacun des observations de métrites arthritiques guéries ou améliorées par le traitement thermal.

M. H. Guéneau de Mussy parle d'une dame qui, à différentes reprises, a eu des arthrites rhumatismales et qui de temps à autre présentait un prurit vulvaire avec eczéma de la vulve, du vagin et du col de l'utérus.

J'ai observé moi-même une jeune femme qui, deux fois de suite, avait eu des fausses couches du 5e au 6e mois, sans que l'on puisse rattacher ces accidents à autre chose qu'à l'influence héréditaire qu'elle tenait de son père, goutteux à l'excès, et de sa mère rhumatisante et ayant eu des goutteux dans sa famille. A une troisième grossesse, un traitement alcalin approprié permit à cette femme de conserver son produit jusqu'à terme.

Enfin M. Courty rapporte l'observation d'une malade, également pleine d'intérêt, en ce que, comme la malade précédente, elle était fille d'un père goutteux et d'une mère sous l'influence de cette diathèse. Cette malade présente à plusieurs reprises des douleurs articulaires, des hémorrhoïdes, des hémoptysies et de la lithiase rénale, attributs manifestes de l'arthritisme, avec une métrite douloureuse compliquée de ménorrhagie et alternant avec les autres manifestations de cette diathèse.

Faut-il ajouter que M. Martineau, qui a eu l'occasion d'observer plusieurs cas de métrites arthritiques à l'hôpital de Lourcine et dans sa clientèle, signale l'irritabilité de l'utérus dans toutes ces circonstances, irritabilité déjà constatée par M. le Dr Desnos, qui attribue cette susceptibilité aux mêmes influences climatériques et atmosphériques qui agissent sur la goutte et le rhumatisme ? Cette irritabilité, reconnue par deux éminents praticiens, ne pourrait-elle pas éclairer d'un jour nouveau la fréquence inexpliquée jusqu'ici des avortements chez certaines femmes filles de goutteux, et arthritiques elles-mêmes ?

Enfin M. Guéneau de Mussy signale encore la terminaison possible de la maladie par le cancer stomacal à la suite des dyspepsies arthritiques, de même que nous avons vu le cancer utérin terminer des métrites hémorrhagiques de nature arthritique.

Les alcalins à l'intérieur et à l'extérieur, dans les cas douteux, joints au traitement des lésions locales, confirment par leur résultat ce que disait M. Courty, à savoir « que l'épreuve par le traitement est la véritable pierre de touche des maladies utérines ».

On peut se servir aussi du colchique d'automne, des bains sulfureux ou bromo-iodurés, ou enfin de la lithine, qui a pris rang définitivement dans la thérapeutique de l'arthritis.

ARTICLE 3. — *De l'association des diathèses scrofuleuses et arthritiques dans les maladies du système utérin.*

Si la scrofule est la maladie de l'enfance, l'arthritisme est celle de l'âge adulte, et souvent cette dernière ne fait que remplacer la première, pour lui céder le pas de nouveau à un âge plus avancé. Toutes deux marchent alors en concurrence et l'on peut, dans ce cas, rencontrer leurs manifestations distinctes sur le même sujet.

M. Tillot rapporte l'histoire d'une femme née d'une mère goutteuse, ayant été scrofuleuse dans son enfance et présentant plus tard les signes de diathèse arthritique non équivoques, joints à une métrite chronique granuleuse avec déviation utérine.

Une autre malade du même observateur avait eu dans l'enfance une éruption persistante du cuir chevelu. Réglée à onze ans, elle fut prise, vers l'âge de vingt ans, de douleurs articulaires, gastralgie, hémorrhoïdes, éruption érythémateuse avec complication de catarrhe utérin permanent depuis plusieurs années sans accouchement ni avortement antérieurs.

Dans les quatre autres observations rapportées par ce même auteur, on trouve chaque fois, avec une lésion utérine peu variable, des manifestations qui, au contraire, présentaient tout un cortége très-varié d'accidents scrofuleux ou arthritiques.

Dans la sixième, qui forme la vingt-deuxième du mémoire de M. Tillot, la métrite était compliquée d'un phlegmon péri-utérin et les antécédents de famille étaient si marqués qu'il était facile de suivre, pour ainsi dire pas à pas, les deux diathèses scrofuleuse et arthritique occupant tantôt la peau, tantôt le cuir chevelu (pityriasis), tantôt les muqueuses ou les ganglions, puis passant du côté de l'utérus et se terminant enfin par la tuberculisation pulmonaire et la mort.

ARTICLE 4. — *Des complications herpétiques de la métrite.*

S'il est une maladie constitutionnelle dont le retentissement sur le système génital de la femme soit bien établi, c'est certainement l'herpétisme qui, plus encore que la scrofule, imprime aux maladies de l'utérus un cachet tout particulier de ténacité qui rend excessivement difficile la guérison de la dartre utérine.

Pour M. Pidoux, cependant, l'herpétisme en général et l'herpétisme utérin en particulier ne seraient pas une maladie constitutionnelle au même titre que les autres entités morbides dont nous avons parlé, mais ils seraient le résultat d'une fusion des autres maladies constitutionnelles, la scrofule et l'arthritisme.

Quoi qu'il en soit, les manifestations de la dartre utérine, leurs coïncidences avec des éruptions semblables sur d'autres muqueuses ou sur la peau, ne font de doute pour personne.

Ces éruptions, où qu'elles surviennent à l'état isolé ou en groupe, se reconnaissent aux mêmes caractères, pour l'étude desquels je renvoie le lecteur aux livres de pathologie. J'ajouterai seulement que sur la muqueuse utéro-vaginale elles affectent la forme linéaire et sont dirigées longitudinalement, ou bien on les trouve encore en plaques plus ou moins arrondies, plus ou moins larges, irrégulières et quelquefois saillantes.

M. Martineau signale aussi, à propos du diagnostic, une collerette épithéliale qui entoure les groupes de vésicules et qui devient surtout apparente lorsque les vésicules se sont rompues et que le liquide qu'elles contenaient a disparu.

Enfin, une dernière et plus grave complication herpétique de la métrite, c'est que ces sortes d'inflammations peuvent s'étendre au péritoine du petit bassin et déterminer une métro-péritonite ou d'autres accidents péri-utérins.

Bazin va plus loin. Il dit que le grand sympathique lui-même peut être affecté, et qu'il n'est pas rare d'observer des coliques sèches, des douleurs utérines et lombaires chez ces malades. Ce savant maître, ainsi que M. Hardy, attribue aussi à l'herpétisme une variété de cancer utérin.

Après de telles autorités, je ne rappellerai que pour mémoire les noms de Duparcque, Fontan, Gaillard (de Poitiers), Arnal, Durand-Fardel et Neucourt, qui, tous, à des titres divers, ont admis les complications herpétiques de la métrite et recommandé de diriger principalement le traitement contre la cause morbide interne.

Je ne puis cependant m'empêcher de citer le remarquable travail de M. H. Guéneau de Mussy sur l'herpétisme utérin (in *Arch. gén. de médecine*, 1871), dans lequel le savant médecin de l'Hôtel-Dieu de Paris rapporte six observations où la nature dartreuse de l'affection ne peut être mise en doute un seul instant. Ainsi, la première malade était une jeune femme portant un eczéma de la région fessière, des cuisses, des mains, de la face, en même temps qu'une éruption vésiculeuse fine des culs-de-sacs utéro-vaginaux et du col, avec de la leucorrhée.

On sait que Bazin rattache à l'herpétisme la leucorrhée qui se montre à la puberté et quelquefois dans l'enfance.

La deuxième observation nous fait voir une femme de 36 ans, syphilitique, laquelle avait, avec un catarrhe utérin, un engorgement, un eczéma du col et des ulcérations, des manifestations dartreuses indéniables, telles qu'une blépharite, des plaques de pityriasis sur le cou et de l'herpès avec un eczéma marginatum des plis génito-cruraux occasionnant d'insupportables démangeaisons.

La troisième observation du mémoire de M. Guéneau de Mussy vise une femme atteinte de métrite avec tendance ménorrhagique, érosion fongueuse du col consécutive à un eczéma de cet organe. Cette femme avait été sujette, à diverses reprises, à un eczéma de la vulve avec prurit intense.

La quatrième malade, née d'un père dartreux, ayant elle-même plusieurs affections cutanées prurigineuses et de l'intertrigo, présentait une métrite chronique avec eczéma du col et de la vulve. Les deux dernières malades enfin avaient une métrite du col survenue sans autres causes appréciables qu'une éruption cutanée sur les membres supérieurs pour la cinquième, et un herpès de la région fessière, de la vulve et du col utérin pour la sixième.

J'ai moi-même observé plusieurs cas d'eczéma plus ou moins étendu chez les femmes affectées de maladies utérines. Je ne rapporterai succinctement que deux observations pour ne pas prolonger inutilement ce mémoire.

1re Obs. — 3 *octobre* 1877. — Mme Foul..., 26 ans, nullipare, vient me consulter pour un eczéma généralisé. La tête, la face, les cuisses, le ventre, sont le siége de poussées vésiculeuses, d'érythème, de démangeaisons intenses depuis l'âge de 19 ans, avec des alternatives d'améliorations et de rechutes. La dernière poussée remonte au mois de juin. En même temps la malade se plaint d'écoulement blanc-jaunâtre, de prurit vulvaire et d'une sensation de chaleur intense dans le vagin.

L'examen fait reconnaître une rougeur vive de la muqueuse vulvo-vaginale, avec des stries coupant d'arrière en avant les plis vaginaux ; ces stries sont d'une coloration plus foncée encore que la muqueuse ; vers le fond du vagin, autour du col, elles ne paraissent indiquées que par une série de petites vésicules se raréfiant de plus en plus, mais conservant une direction à peu près linéaire ; le col de l'utérus est gros, hypertrophié, mais d'une couleur normale, sauf aux abords du museau de tanche, où s'aperçoivent quelques groupes de granulations saignant facilement et se prolongeant dans l'intérieur de l'orifice. En même temps il existe un catarrhe du col très-prononcé.

Cet ensemble de symptômes ne représente-t-il pas les attributs de la constitution herpétique ? et n'est-on pas autorisé à considérer l'état local des organes génito-urinaires comme une manifestation de l'état général ?

Cette femme est restée en traitement plus de six mois ; l'affection s'est montrée très-tenace, et aujourd'hui, bien que guérie en apparence et de l'affection utérine et de ses manifestations cutanées, je ne la crois pas à l'abri d'une récidive.

2e Obs. — 27 *août* 1878. — Mme Fouc..., 40 ans, boulangère, a eu de la gourme dans l'enfance à partir d'un an ; teigne tondante et impétigo. Réglée à 14 ans, pâles couleurs de 15 à 20 ans, mariée à 22 ; un seul accouchement à 24 ans. Elle a nourri, sevrage à 15 mois, pas de purgatifs. A partir de cette époque, elle fut sujette à des règles abondantes et elle eut, presque aussitôt après le sevrage, un eczéma impétigineux du cuir chevelu et du cou, que les bonnes femmes de son entourage ne manquèrent pas d'attribuer à un *lait répandu*. Les cheveux commencèrent à tomber.

C'est de cette époque que date aussi la première manifestation herpétique sur les organes génitaux. Cuisson, rougeur, prurit. Elle consulte le Dr Pinaud. Celui-ci la cautérise au fer rouge pour des ulcérations du col. Il emploie ensuite, du 25 juillet au 10 septembre 1868, le crayon de nitrate d'argent contre le catarrhe utérin, sans autre traitement interne que le fer en pilules. Les événements de 1870 font interrompre tout traitement. La malade part en province.

Revenue à Paris en 1872, Mme Fouc... prend les bains d'Enghien en mai.

A partir du mois de juin, des poussées successives de boutons d'acné sur le cuir chevelu et la face (front, joues) n'ont pas cessé. Le fond du cuir chevelu est rouge, la démangeaison vive; parfois il y a de la séborrhée. L'alopécie se prononce davantage. Du côté des membres inférieurs, eczéma général des jambes, rien sur les membres supérieurs. Cet état durait depuis près de sept ans lorsque la malade vint me consulter. Je constatai ce qui précède et de plus une faiblesse excessive et un grand essoufflement.

Examen local. — Eczéma de la vulve et de l'entrée du vagin ; douleur vive au moindre contact, surtout vers le haut de l'orifice vulvaire. Au toucher, on trouve l'utérus abaissé, le col normal. Au spéculum, on constate des groupes de vésicules sur la muqueuse vulvo-vaginale ; rien cependant de l'aspect strié de la malade précédente. Le prurit est très-intense. La malade ne peut s'empêcher de se gratter ; rien sur le col utérin, qui paraît absolument sain.

Persuadé que je suis en présence d'une affection herpétique et que l'utérus peut devenir malade prochainement, je soumets Mme Fouc... à un traitement général arsenical en même temps que local dont j'espère la guérison.

Pour en finir avec l'herpétisme utérin, je citerai une malade traitée sans succès en ville pour une vaginite pendant plus d'une année et chez laquelle M. Martineau a diagnostiqué une métro-vaginite dartreuse, c'est-à-dire une inflammation due à une éruption herpétique de la muqueuse du vagin et du col.

Entrée à l'hôpital, cette jeune femme fut atteinte quelques jours après d'un herpès de la vulve et d'une angine herpétique d'une intensité et d'une netteté remarquables. La médication instituée par M. Martineau, s'attaquant à la maladie constitutionnelle (arséniate de soude) autant qu'à la lésion génitale, amena en peu de temps la guérison.

Deux autres malades du même service sont également atteintes d'une métro-vaginite dartreuse dont les symptômes ont été reconnus par M. Martineau lui-même.

Je ne rapporterai pas en détail l'observation de Duparcque, dans laquelle il donne comme un eczéma du col un piqueté rouge, assez semblable à des piqûres multiples de puces, qu'il aurait rencontré sur le col utérin, en même temps que s'échappait de l'utérus un liquide séro-muqueux incolore et assez abondant. Cette malade avait eu précédemment une affection vésiculeuse avec prurit à la partie interne des cuisses.

Mais je ne puis omettre de rapporter, en terminant, un extrait de la curieuse observation publiée par M. Bordier, dans la *Gazette hebdomadaire* du 26 janvier 1877, sous le titre de : *Dysménorrhée pseudo-membraneuse exfoliatrice de nature dartreuse.*

Il s'agit d'une femme de 24 ans, « née d'un père arthritique ; du côté maternel phthisie diabétique, cancer utérin, prurit vulvaire, eczéma des oreilles. Quant à la malade, elle est sujette aux névralgies, à l'angine granuleuse ; elle s'enrhume facilement l'hiver ; elle a du lichen de la nuque et une dermatose indéterminée de la vulve, des tubercules pulmonaires et de la dysménorrhée pseudo-membraneuse. Comme il arrive souvent, cette dysménorrhée guérit à la suite de deux grossesses heureuses ; de plus, il y eut arrêt de la tuberculisation pulmonaire. »

Sans me prononcer sur la question de savoir si la muqueuse du corps même de l'utérus peut être affectée de dartre à l'instar des muqueuses du palais et du pharynx, je ne puis m'empêcher de reconnaître, dans le cas qui fait le sujet de cette intéressante observation, des relations évidentes de cause à effet entre les antécédents de la malade, sa maladie arthritique générale et les manifestations de la diathèse sur les organes génitaux externes aussi bien qu'internes.

ARTICLE 5. — *De la syphilis au point de vue gynécologique.*

On sait que la syphilis cutanée joue le même rôle que les maladies constitutionnelles dont nous venons de parler, et par conséquent il est logique d'admettre qu'elle influe de la même manière sur la pathogénie des affections utérines.

Quand je dis des affections utérines, je n'entends parler que des métrites et non des chancres ou des plaques muqueuses qui pourraient se développer et se développent en effet, directement, sur le col utérin.

C'est un fait d'observation trop vulgaire pour insister sur ces métrites, qui sont le fait du retentissement de la syphilis sur la matrice ; je me contenterai de dire que M. Martineau a observé 23 métrites syphilitiques sur 71 cas soumis à son examen.

Enfin, M. H. Guéneau de Mussy a signalé la syphilis comme une cause occasionnelle faisant naître, chez une femme soumise à l'une des diathèses que nous venons d'étudier, des manifestations utérines ou cutanées de cette diathèse.

Il a, entre autres observations, constaté des poussées d'herpès succédant directement à la syphilis chez des femmes antérieurement herpétiques.

— Nous voici arrivé à la fin de cette étude. Nous avons essayé de démontrer, par l'examen des auteurs les plus autorisés et les plus nouveaux, les relations qui existent entre les affections utérines et les maladies constitutionnelles, entre la *gynécologie* et la *dermatologie*. Puisse cet essai être agréé favorablement par le public médical.

Je dirai toutefois encore en terminant combien il est important pour le jeune médecin qui désire se consacrer à la pratique de la gynécologie, d'avoir des connaissances en pathologie générale très-étendues ; car, en médecine, il demeure une fois de plus prouvé qu'il n'y a pas de spécialité dans le sens absolu de ce mot.

En dehors de l'ophthalmologie, qui, à la rigueur, ressortit encore à la chirurgie, on ne peut guère reconnaître que les trois grandes branches de l'art de guérir admises par l'enseignement universitaire : MÉDECINE, CHIRURGIE et ACCOUCHEMENTS. Cette dernière même est encore à recevoir sa consécration officielle à l'Assistance publique, par la création de services hospitaliers spéciaux donnés au concours, création réclamée si justement et par le conseil municipal de Paris et par le corps médical tout entier.

Mais s'il n'y a pas, à proprement parler, d'accoucheurs — en dehors des sages-femmes — il y a encore moins de gynécologistes, moins encore de dermatologistes, malgré le brillant enseignement de l'hôpital Saint-Louis, ou à cause même de cet enseignement, illustré par les Bazin, Hardy, Besnier, Laillier, Vidal, etc., qui a du reste produit des médecins si complets.

Il y a seulement des maladies générales, constitutionnelles, diathésiques, qui se révèlent à un praticien instruit soit par des manifestations cutanées ou muqueuses, soit par des lésions de la zone utérine qui établissent entre la *gynécologie* et la *dermatologie* des rapports communs que la plus sévère critique ne pourra plus désormais séparer.

Nancy. — Imprimerie Berger-Levrault et Cie.